太阳系简史 **4**

太空城的陨石猎手

TAIKONGCHENG DE
YUNSHI LIESHOU

王 煜◎著

地质出版社

·北 京·

自 序

    幼年的时候，我住在田园牧歌般的村子里。每到夏日薄暮初上，邻居们带着手电筒和小凳子，聚在场头路口的大树下乘凉。此时田间劳作告一段落，秧苗在田里蓬勃生长，散发着清新气息。我躺在凉床上，看着满天的繁星。偶尔一颗流星划过天空，引起我无限遐想。

    我总会指着天空中的星星问这问那，长辈们叫不出这些星星的大名，但是会讲出各种有趣的故事。于是我知道了后羿如何射下九个太阳；嫦娥又是怎样飞到月亮上的；我还知道牛郎和织女被迫分离后，牛郎在银河边上等着与织女相会；后来又听说了神农派小狗去天宫盗谷种，小狗在回来的路上游过银河的时候弄丢了身上的谷种，只留下尾巴尖上的一点，成了现在的稻穗。

    这些故事构成了我对天空的丰富想象，也在心底埋下了我要探索星空奥秘的种子。如今生活在城市的孩子很难看到满天的繁星，也缺少了对天空的大胆想象，然而探索星空奥秘、成为仰望星空的人是我一直不变的理想。

　　我要让每个孩子都能看到真正的星空，探索星空中的奥秘。十余年来，我写了很多篇科普文章，也在筹划建设给孩子们看星星的天文台。物质建设的脚步没有停歇，精神食粮的补给也在源源不断地输出。

　　这套《太阳系简史》就是离星空最近的"精神阶梯"，它以简练的语言、有趣的表达和精美的绘画，介绍了太阳系这个庞大的天体系统。想知道陨石来自哪里吗？宇宙到底有多大？超新星爆发又会产生多大的威力？我们在认识宇宙万物的同时也在开发探索它们给予我们的宝贵资源，要想离星空更近，就要有更准确的信息，带着好奇心去探索星空带给我们的奥秘吧！

　　仰望星空的同时也是在播撒科学的种子，更是在传递科学的精神。

2021.6

2055年的地球，看起来更热闹些。

城市广场上的那些雕塑，如果不告诉你它们是用小行星探测器改造的，相信没人猜得出来。

巨大的全息投影屏中，播放着小行星带联盟的招募广告。

当年发现陨石的那个小朋友，现在已经是一名航天员了。

他倚靠着酒吧外的阳台，享受着难得的度假时光。这时候，他的电话响了。

小行星带联盟

　　小行星带是一条位于火星和木星轨道之间的小行星"腰带"，包含约50万颗小行星，目前已知的最大天体是谷神星，直径为950千米。其他的小行星如智神星、婚神星和灶神星，表面积仅有谷神星的一半。

　　另外，小行星带包含100万~200万颗小行星。

流星

　　流星体在接近地球时，因地球引力的作用使得轨道发生改变从而进入地球大气层，形成流星。流星速度很快，进入大气层后，由于摩擦生热而产生一条明亮的轨迹。

　　是行星科学院的张博士打来的："嘿，王贺喜，好久不见了，有个棘手的任务，也许你会感兴趣。还记得你小时候发现的那颗陨石吗？"

　　"我记得，是小行星带的那颗。"

　　"你不是想抓流星吗？我们刚刚发现了一颗速度极快的小行星，需要技术最好的航天员去捕捉它，但这个任务非常危险。"

小时候发现的那颗陨石，他还保留了一部分，做成了项链带在身上，贺喜习惯地摸了摸它。

"好的，我接受任务。你知道的，这项工作我无法拒绝！"

第二天傍晚，天津星际空港笼罩在一片金色的夕阳中。

深空游轮停靠在候机楼前，在做起飞前的准备。

一艘往返小行星带的快速火箭从水中起飞，猛烈的火焰把周围的海水变成了一团巨大的蒸汽。

快速火箭起飞产生的巨大火焰，让第一次参加星际夏令营的游客们非常兴奋。

贺喜哥哥正准备搭乘下一班快速火箭前往星际联盟，那是位于小行星带的前进基地。

彩虹妹妹在这时候打来了电话。还没等贺喜哥哥说什么，彩虹妹妹就迫不及待地说起来："哥哥，你要来基地了？真是太好了，我就知道这个任务非你莫属，我在灶神星等你。"

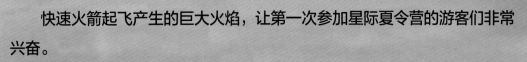

冥王星

1930 年，克莱德·汤博发现冥王星，并将其视为太阳系第九大行星。1992 年，在柯伊伯带发现的一些质量与冥王星相同的天体开始挑战其行星地位。2006 年，国际天文学联合会对矮行星进行了定义。冥王星位于太阳系边缘，即柯伊伯带内，将它与阋神星、妊神星、鸟神星一起划为矮行星。冥王星曾被认为是离太阳最远的一颗大行星，它绕太阳运行一周历时 248 年之久，平均速度 4.8 千米每秒. 它距离太阳大约 40 天文单位，其表面温度大概是零下 230 摄氏度。

半年后，飞船接近了灶神星。

经过整整两天的减速，飞船从30千米每秒的速度减慢为10千米每秒，直到速度变为零。

慢慢靠近的飞船看到环绕灶神星的空间站上一片生机勃勃。

飞船排成几百千米长的队伍等待进港，星球暗面的城市灯火璀璨。

虽然这些场景曾经在电视上看到过，但真正身临其境时一定会被惊得目瞪口呆。

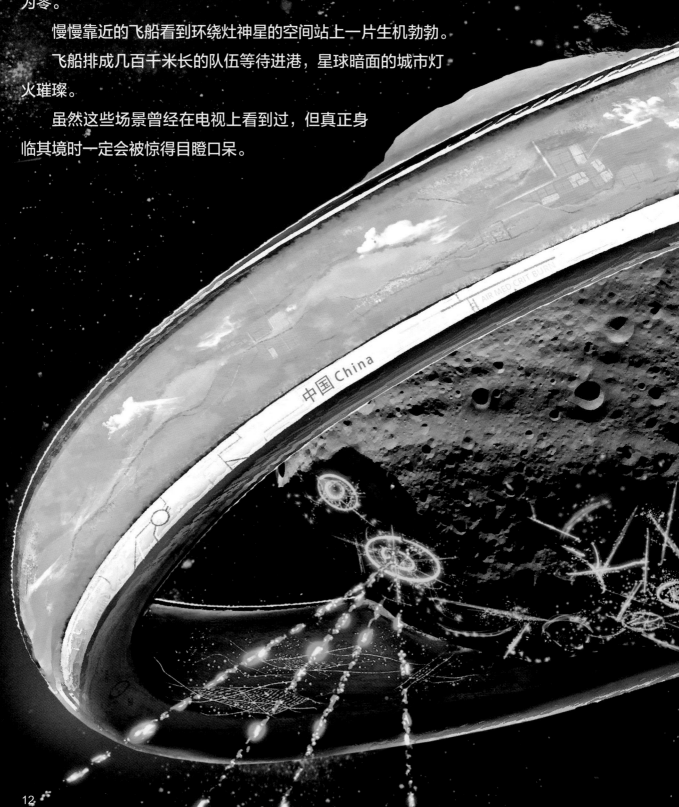

中国 China

AIR MED CRIT BURN

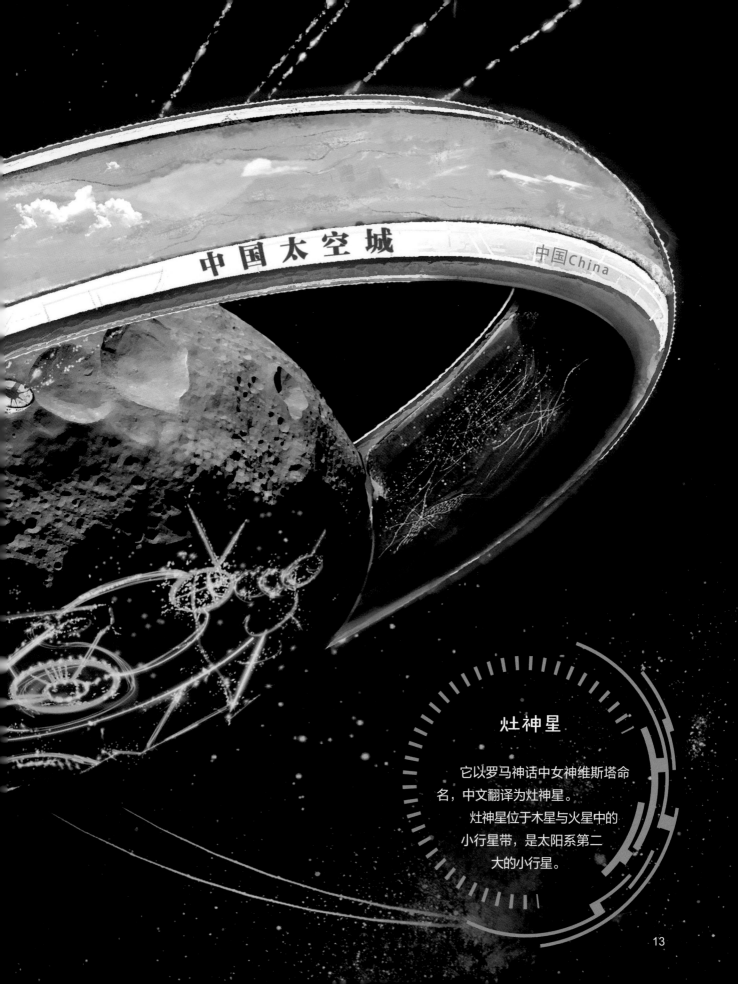

中国太空城　　　中国China

灶神星

它以罗马神话中女神维斯塔命名，中文翻译为灶神星。灶神星位于木星与火星中的小行星带，是太阳系第二大的小行星。

行星矿工-1701

如风达 随心行

行星矿工-1701

灶神星的组成

灶神星是目前唯一已知的内部结构保留完整的分异小行星，从内到外由金属核、超镁铁质幔和玄武质壳组成。

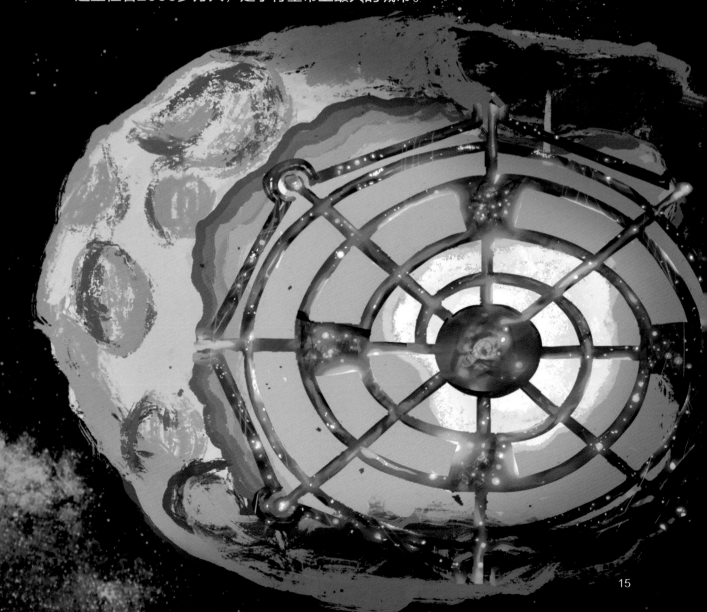

小行星带上的采矿场景总是让人百看不厌。

那些采矿飞船伸出机械臂，把飘浮在太空中的小块陨石不停地往"肚子"里塞。

钻探机器人用激光在大一些的小行星上钻洞，看来炸药在行星的深处才能发挥威力。

灶神星的内核是一整块巨大的金属，人们把采集的金属运往地球，剩下的空洞用来建设城市。

不到20年的时间，星球的内部就已经四通八达了。

这里住着2000多万人，是小行星带上最大的城市。

航天服

　　航天服是保障航天员的生命活动和工作能力的个人密闭装备，可防护宇宙空间的真空、高低温、太阳辐射和微流星等环境因素对人体的危害。

　　在真空环境中，人体血液中含有的氮气会"沸腾"而形成气泡，使体积膨胀。如果人不穿上加压气密的航天服，就会因体内外的压差悬殊而发生生命危险。 航天服是在飞行员密闭服的基础上发展起来的多功能服装。

　　现代新型的舱外用航天服有液冷降温结构，可供航天员出舱活动或登月考察。

　　贺喜哥哥在地铁站见到了彩虹妹妹。

　　贺喜哥哥知道彩虹妹妹担任这次任务的引导员，看到彩虹妹妹穿着星际领航员的帅气制服，可以和自己一起去完成任务，心里别提多高兴了。

基地指挥中心，任务简报显示：这是一群轨道特殊、速度超快的天体。它们的速度达到了32千米每秒，超过了太阳系内所有天然星体的速度，显然它们是来自太阳系外的。

星 云

星云是太空中有气体和尘埃混合而成的巨大云团，一些星云是形成新恒星的区域，充当着恒星诞生的摇篮；一些星云则是死去恒星留下的遗骸。它们的主要成分是氢、氦和其他电离气体，还含有一定比例的金属元素和非金属元素。

科学家通过分析轨道和速度，推测它们来自30光年外的一片星云。
此次任务是捕捉其中一颗很小的星体，它被命名为"徐霞客"。
贺喜哥哥对这个名字很惊讶，心想："为什么要这样命名？"

徐霞客

徐霞客（1587年1月—1641年3月），字振之，号霞客，江阴县（今江苏省江阴市）人，明代地理学家、旅行家和文学家，他著有《徐霞客游记》，被称为"千古奇人"。

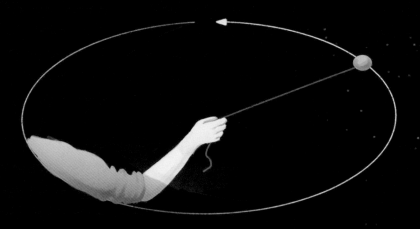

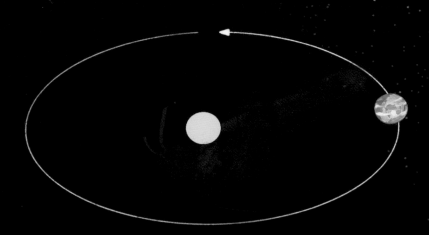

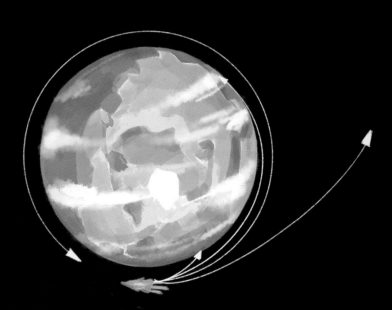

星系际物质

　　它是存在于星系之间的气体和尘埃。星系际物质具有消光效应，在一些星系际物质较密集的地方会形成星系际暗云。研究星系际物质对研究星系的起源和宇宙的演化都具有重要意义。

人类最先进的星际飞船此刻正以足以逃离太阳系的速度接近这群星际访客，以达到和它们相同的速度。这就像旅客马上要错过火车了，就必须跑得和火车一样快，才有可能跳上车门。

只不过徐霞客星的速度，是高铁的1000倍。

一点点的误差，就足以让飞船变成一团烟雾。只有最优秀的飞行员才能胜任这次捕捉任务。

04号引擎温度过高
04号引擎温度过高
04号引擎温度过高

飞船起飞后，任务屏幕提示拦截时间只有几秒钟，贺喜哥哥在彩虹妹妹的引导下，驾驶飞船穿过小行星，逐渐靠近目标星球。

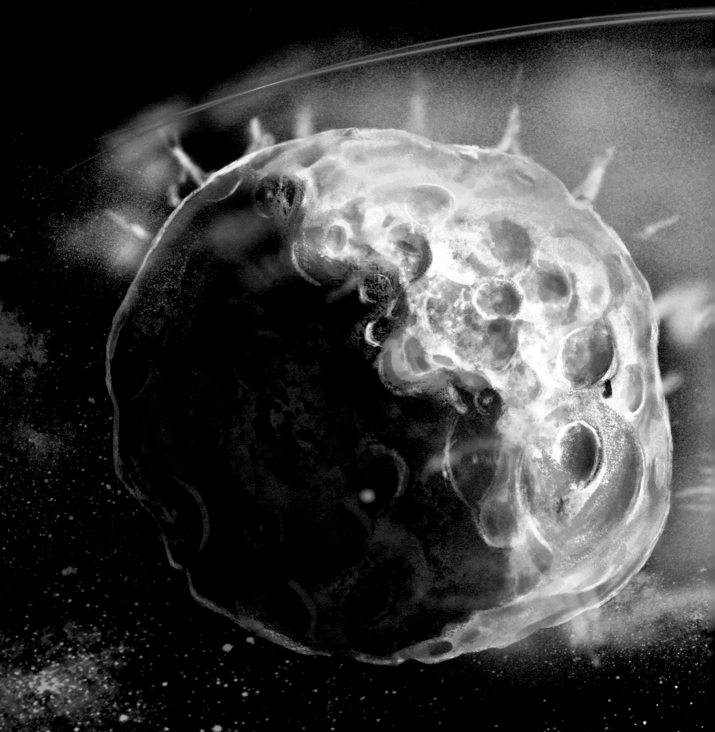

　　飞船靠近了行星群。行星群在一颗主星的带领下，簇拥成一团飞行。

　　在太阳的照射下，行星群表面的冰正在融化，喷射出一团团的蒸汽，包裹了行星群，让捕捉目标难以辨认。

　　贺喜哥哥驾驶飞船围绕小行星飞行着，小心翼翼地完成了一次穿越，他在寻找最佳角度。

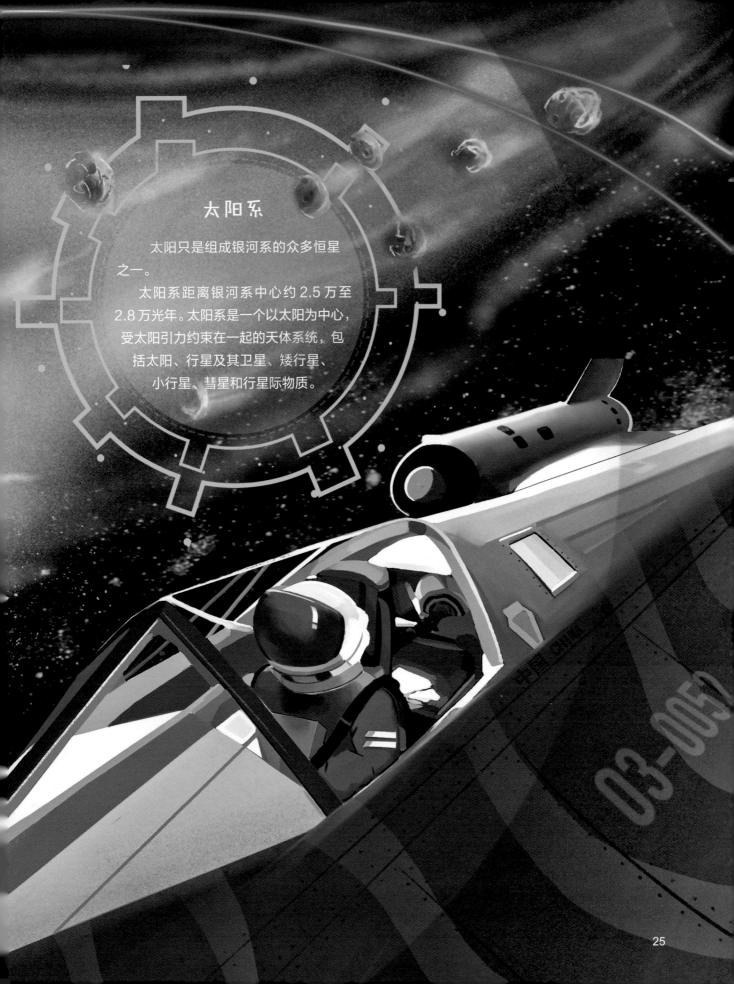

太阳系

　　太阳只是组成银河系的众多恒星之一。

　　太阳系距离银河系中心约 2.5 万至2.8 万光年。太阳系是一个以太阳为中心，受太阳引力约束在一起的天体系统，包括太阳、行星及其卫星、矮行星、小行星、彗星和行星际物质。

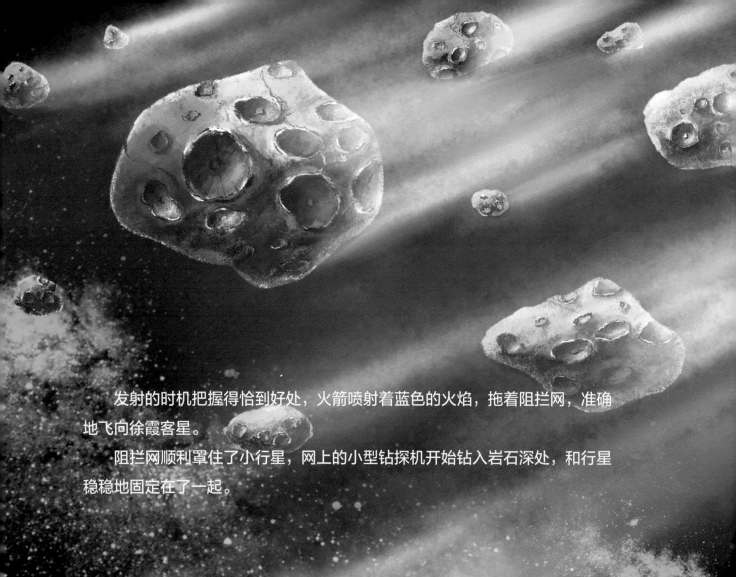

　　发射的时机把握得恰到好处，火箭喷射着蓝色的火焰，拖着阻拦网，准确地飞向徐霞客星。

　　阻拦网顺利罩住了小行星，网上的小型钻探机开始钻入岩石深处，和行星稳稳地固定在了一起。

海外天体

　　海外天体又称外海王星天体，是指太阳系中所在位置或运行轨道超出海王星轨道范围的天体。

　　宇宙中的天体与行星一样，都是靠引力相互吸引。

基地总控台里一片沸腾，任务中最艰难的一步完成了。

航天控制中心

航天控制中心又称航天测控中心，是航天器飞行的指挥控制机构，是航天测控和数据采集网的信息收集、交换、处理和控制的中枢。

彩虹妹妹想起了小时候发现陨石的事情，兴奋地说道："谁能想到20多年后的今天，我们还能抓一颗小行星回来？"

　　伴随着一句"行星发动机点火"，蓝色的等离子体火焰冲向天空。

　　徐霞客星脱离同伴们的轨道，开始减速。它需要从32千米每秒，减速到目前灶神星的速度，也就是19 千米每秒。

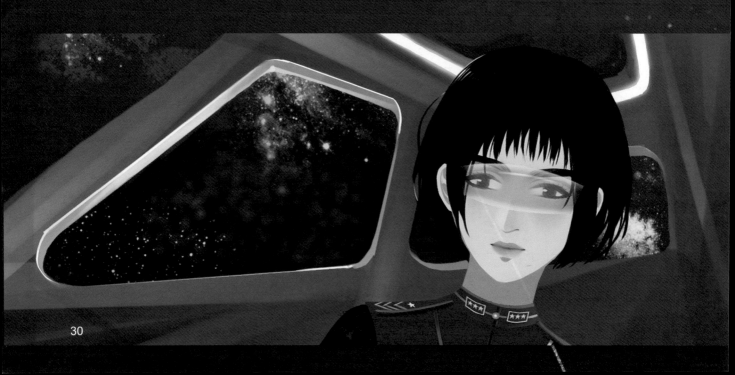

近地小行星

近地小行星产生于小行星带，指的是那些轨道与地球轨道相交的小行星。这些小行星在绕地球运转时，有些的确对地球造成了威胁。地球表面巨大的陨石坑就是小行星误入地球所留下的痕迹。它们大多数是小块的，在到达地面之前已经被烧毁。少部分能够到达地面的就是陨石。

徐霞客星上，巨大的火焰直冲黝黑的太空，真空中却没有一丝声响。

发动机吞食着岩石作为燃料，释放出巨大的能量。

土星的极光

太阳的带电粒子和土星的磁层发生相互作用，在土星的两极就会形成壮观的极光。

陨石坑

陨石坑是行星、卫星、小行星或其他天体表面被陨石撞击而形成的环形的凹坑。

地球上被确认的最有名的陨石坑是美国的亚利桑那州巴林杰陨石坑。这个陨石坑的直径约 1240 米，深 170 多米，坑的周围比附近地面高出约 40 米。

地球上最古老、最大的陨石坑是弗里德堡陨石坑，直径为 250 ~ 300 千米。

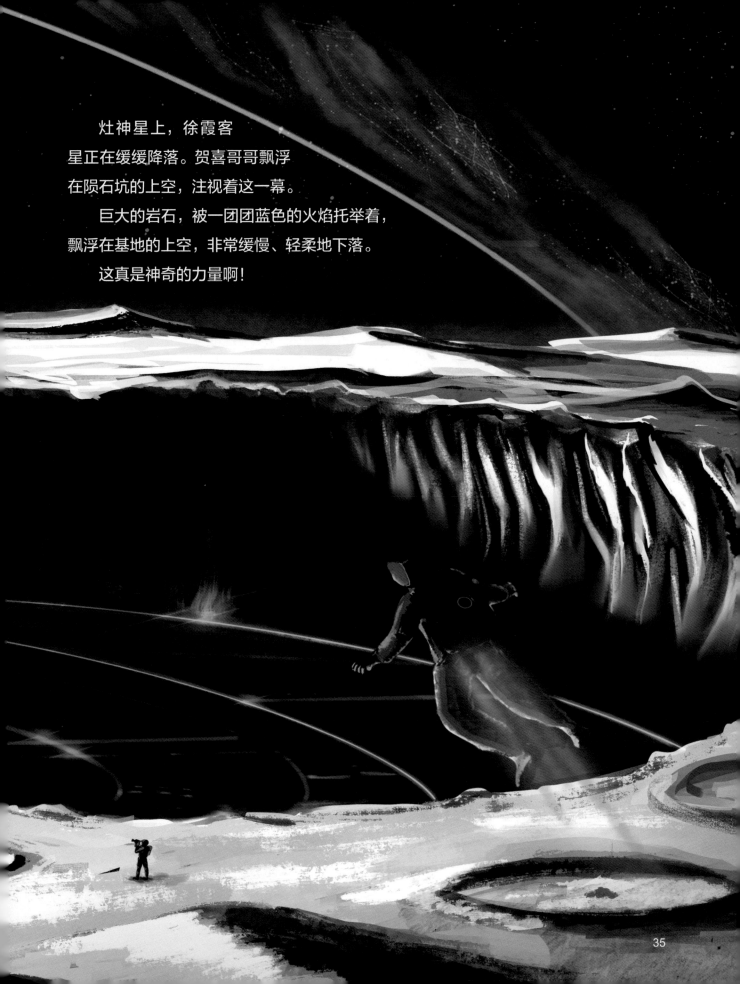

　　灶神星上，徐霞客
星正在缓缓降落。贺喜哥哥飘浮
在陨石坑的上空，注视着这一幕。
　　巨大的岩石，被一团团蓝色的火焰托举着，
飘浮在基地的上空，非常缓慢、轻柔地下落。
　　这真是神奇的力量啊！

每隔几天，贺喜哥哥就会来看看这位旅行者。

徐霞客星静静地停在基地中央，环绕它的支架已经建成了，无数的机器人和小型飞船在它的四周工作，钻井机器人在它的表面打开通道，深入到行星内部。

车辆把采集出来的标本运输到星球内部的实验室。

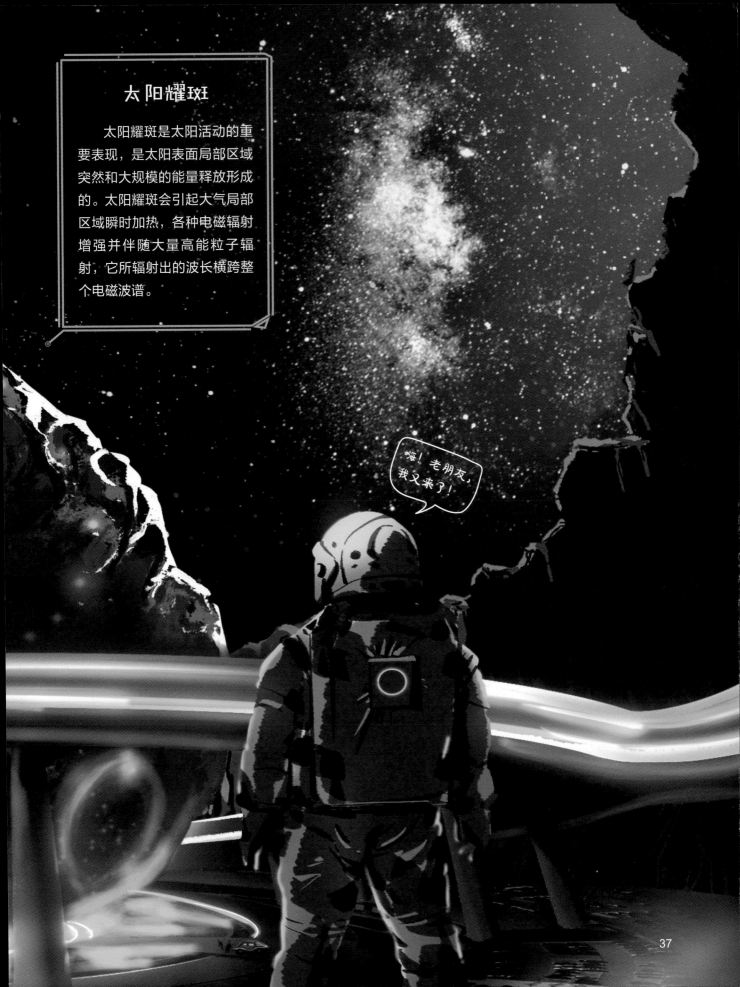

太阳耀斑

太阳耀斑是太阳活动的重要表现，是太阳表面局部区域突然和大规模的能量释放形成的。太阳耀斑会引起大气局部区域瞬时加热，各种电磁辐射增强并伴随大量高能粒子辐射，它所辐射出的波长横跨整个电磁波谱。

实验室中，机器人正准备切割一块新的岩石标本。

过去的一个月里，越来越多的数据被提取出来，人类对宇宙起源的认知也一次次被刷新。

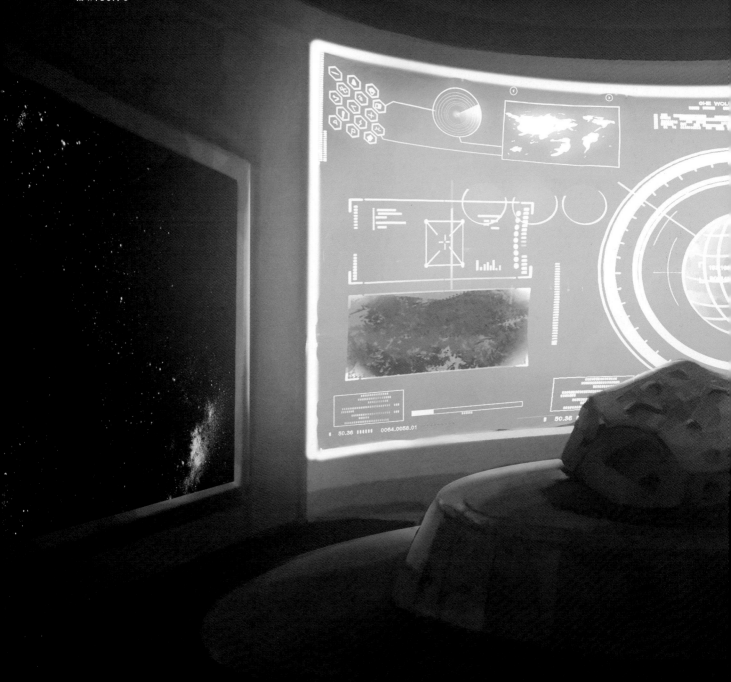

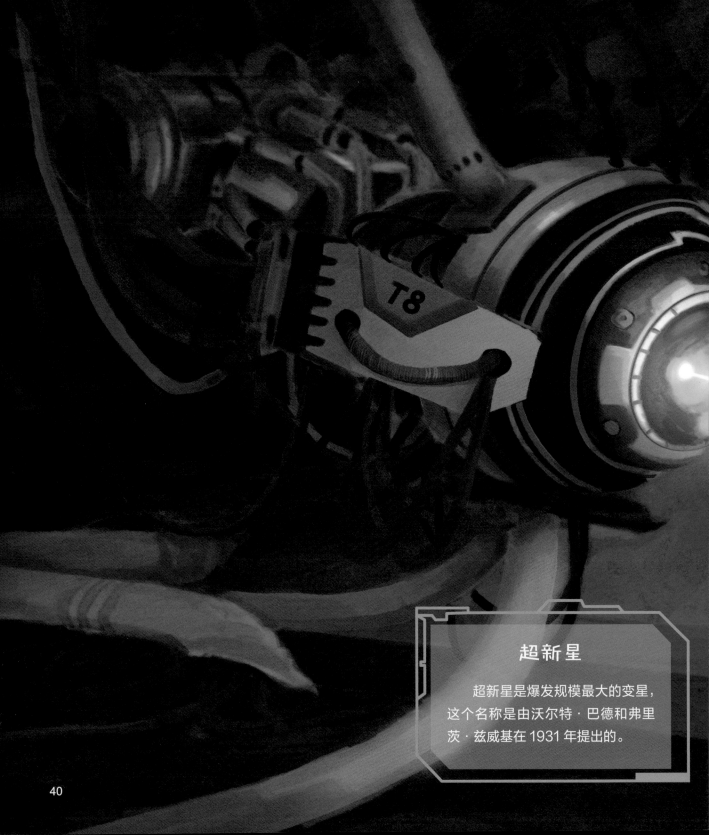

超新星

超新星是爆发规模最大的变星，这个名称是由沃尔特·巴德和弗里茨·兹威基在 1931 年提出的。

机器人释放出一束激光，很轻松地切割下一块薄片。

太阳系探测任务

科学家经过多次的成功探测，已经对太阳系有了一定的认识，如太阳系外最大的行星被旅行者 2 号探测器发现、太阳风对行星的影响等。

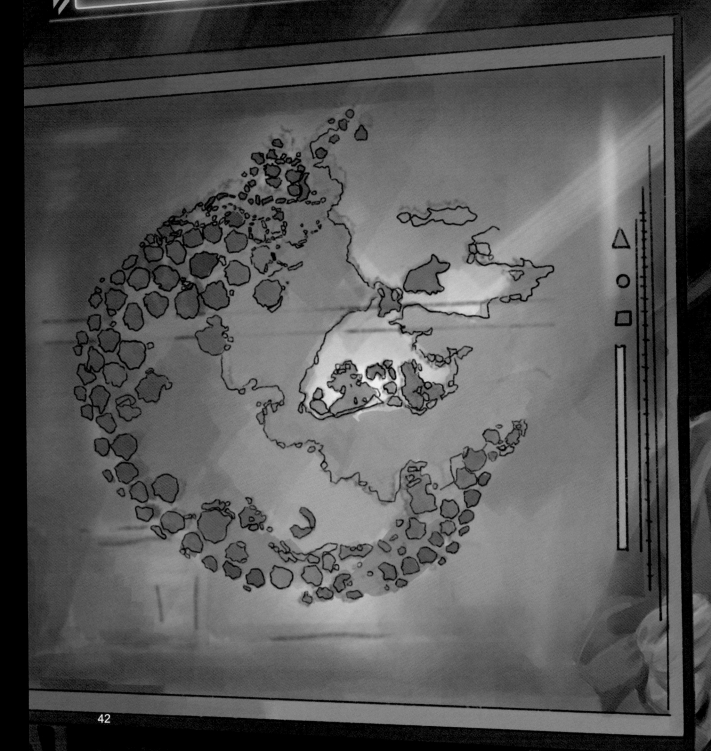

分析工作很快完成了，图像被传送到显示器上。

科学家看着眼前的图像身体颤抖起来，他目不转睛地看着那里，思绪却像车轮一样飞快转动。

他太熟悉这种结构了，这和他20年前在中国贵州发现的化石一模一样，他很肯定这是一种动物胚胎的化石。

原始样本

地球陨石样本1

地球陨石样本2

火星陨石材料

记者围住了新闻发言人，全世界都在注视着他说出的每一个字。

"在这颗来自太阳系外的行星中，我们发现了化石的结构，这证明外星生命的存在，人类在宇宙中不再孤单了。"

中　国　航

CHINA AER

外太阳系深空探

全世界都沸腾了，地外生命的存在彻底改变了人类对宇宙的认知。

人类迅速行动起来，一系列波澜壮阔的深空探索计划迅速启动。

伟大的探索，即将起航。

这次，我们的目标是星辰大海！

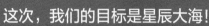

则计划启动仪式

科技探索

随着科技的发展，科学家仍在不断地对宇宙进行着探索，地球是太阳系中存在生命的行星，作为人类我们很骄傲，也很孤独。只有文明不断进步，科技不断发展，我们才能不断地继续向前。

图书在版编目（CIP）数据

太阳系简史4. 太空城的陨石猎手 / 王煜著. —北京:
地质出版社, 2023.8
ISBN 978-7-116-13132-3

Ⅰ.①太… Ⅱ.①王… Ⅲ.①太阳系—儿童读物②陨
石—儿童读物 Ⅳ.①P18-49

中国版本图书馆CIP数据核字(2022)第095992号

TAIYANGXI JIANSHI 4：TAIKONGCHENG DE YUNSHI LIESHOU

策划编辑：孙晓敏

执行策划：王一宾

责任编辑：王一宾

责任校对：陈 曦

出版发行：地质出版社

社址邮编：北京市海淀区学院路31号，100083

电　　话：（010）66554646（发行部）；（010）66554511（编辑室）

网　　址：https：//www.gph.clmpg.com

传　　真：（010）66554656

印　　刷：中煤（北京）印务有限公司

开　　本：889 mm × 1194 mm　$\frac{1}{16}$

印　　张：3

字　　数：30千字

版　　次：2023年8月北京第1版

印　　次：2023年8月北京第1次印刷

定　　价：128.00元（全四册）

书　　号：ISBN 978—7—116—13132—3